[英] 安娜·克莱伯恩 著　胡良 译

電子工業出版社
Publishing House of Electronics Industry
北京·BEIJING

Why doesn' t the moon fall down? and other questions about forces
First published in Great Britain in 2020 by Wayland
© Hodder and Stoughton, 2020
All rights reserved.

本书中文简体版专有出版权由HODDER AND STOUGHTON LIMITED经由CA-LINK International LLC授予电子工业出版社，未经许可，不得以任何方式复制或抄袭本书的任何部分。

版权贸易合同登记号　图字：01-2021-1839

图书在版编目（CIP）数据

问问物理学. 月亮为什么不会掉下来？/（英）安娜·克莱伯恩著；胡良译. --北京：电子工业出版社，2022.6
ISBN 978-7-121-43354-2

Ⅰ.①问…　Ⅱ.①安…　②胡…　Ⅲ.①物理学－少儿读物
Ⅳ.①O4-49

中国版本图书馆CIP数据核字（2022）第070435号

责任编辑：刘香玉
印　　刷：北京瑞禾彩色印刷有限公司
装　　订：北京瑞禾彩色印刷有限公司
出版发行：电子工业出版社
　　　　　北京市海淀区万寿路173信箱　邮编：100036
开　　本：889×1194　1/16　印张：10　字数：207千字
版　　次：2022年6月第1版
印　　次：2022年7月第2次印刷
定　　价：120.00元（全5册）

凡所购买电子工业出版社图书有缺损问题，请向购买书店调换。若书店售缺，请与本社发行部联系，联系及邮购电话：（010）88254888，88258888。

质量投诉请发邮件至zlts@phei.com.cn，盗版侵权举报请发邮件至dbqq@phei.com.cn。

本书咨询联系方式：（010）88254161转1826，lxy@phei.com.cn。

目录

力是什么？

力可以使物体移动或停止移动、改变方向或保持不动。无论物体正在发生什么，都是力作用的结果。

即使你像这样坐着看书，各种力也正在发挥作用：

- 重力正在把你往下拉；
- 摩擦力让你可以捧住书；
- 四周空气的气压正挤压着你；
- 甚至在你的大脑里，力让信号在你的脑细胞间快速传递，这样你才能明白自己正在读什么。

让我们在实践中来体会一下力：找一个不易碎的小东西，比如橡皮。

拿起它……

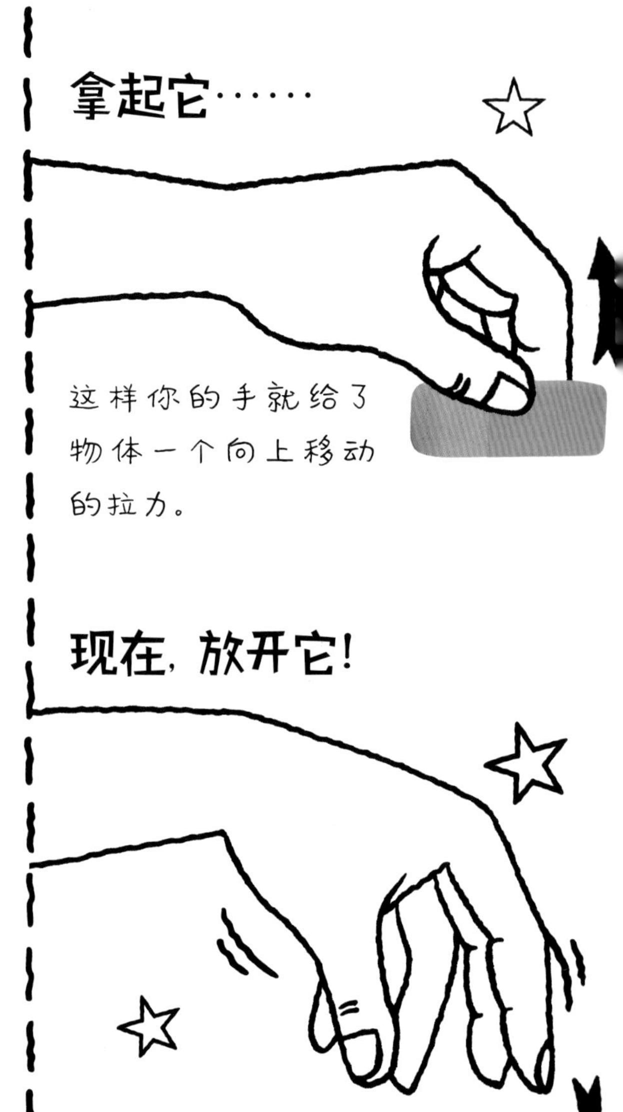

这样你的手就给了物体一个向上移动的拉力。

现在，放开它！

当你放手时，另一个力把物体向下拉，这就是重力。

对力的研究

几个世纪以来，科学家们一直在研究力，想找出它们是如何起作用的。

艾格尼斯·普克尔
（1862—1935）
研究水的表面张力。

我还发现了木星的卫星！
我帮助人类登上了月球！

伽利略·伽利雷
（1564—1642）
研究物体如何下落和加速。

艾萨克·牛顿
（1643—1727）
有史以来最著名的力学家，提出众多规则和公式来解释力是如何起作用的。

凯瑟琳·约翰逊
（1918—2020）
计算出飞行路径和航天器轨道。

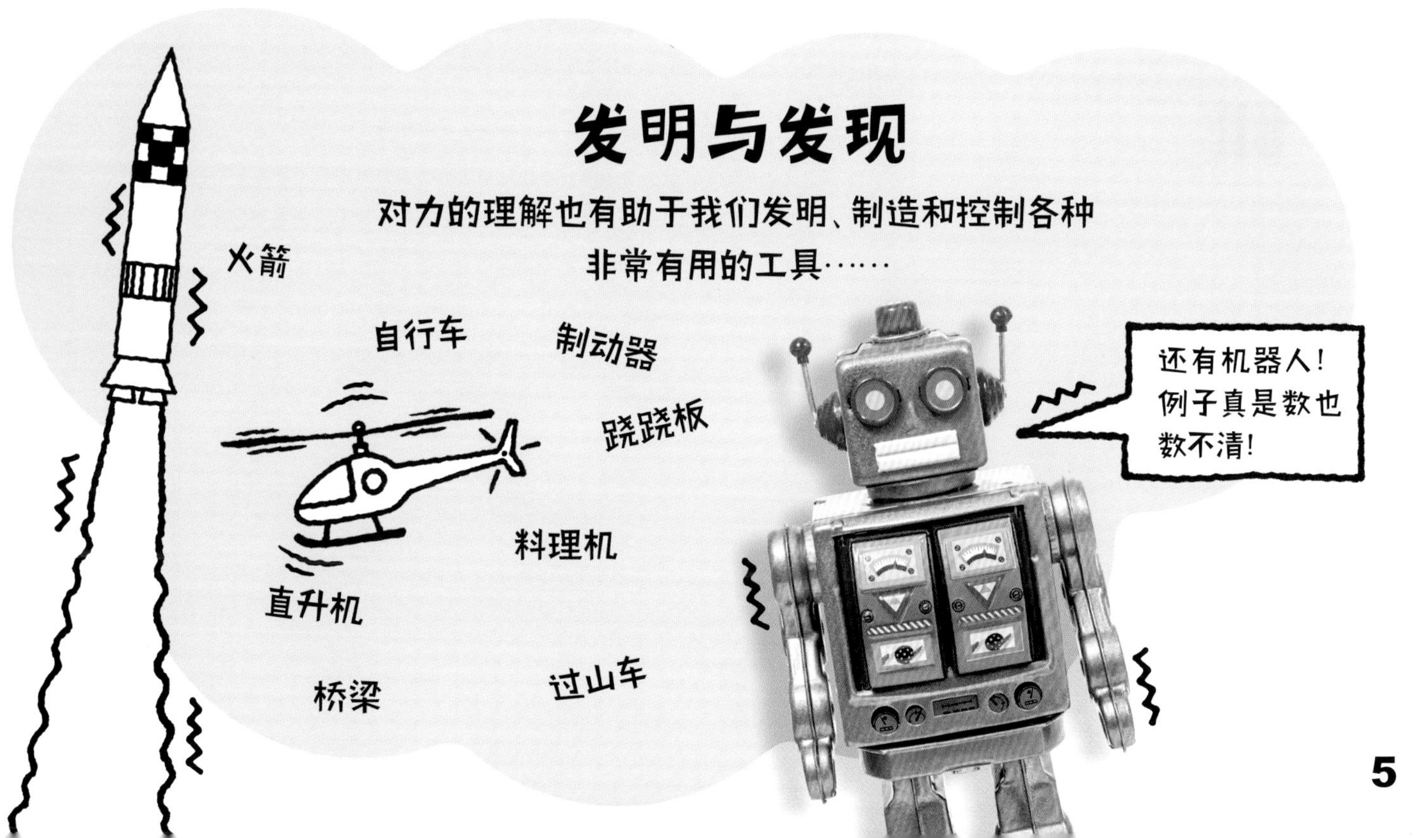

发明与发现

对力的理解也有助于我们发明、制造和控制各种非常有用的工具……

月亮为什么不会掉下来？

月球

月球是一个由大约7350亿亿吨重的岩石组成的巨大球体。那么，你是否好奇过……

是什么把它托在空中的？

月球是地球忠实的伙伴，总是在天空中静静地移动着。

如何托住的呢？

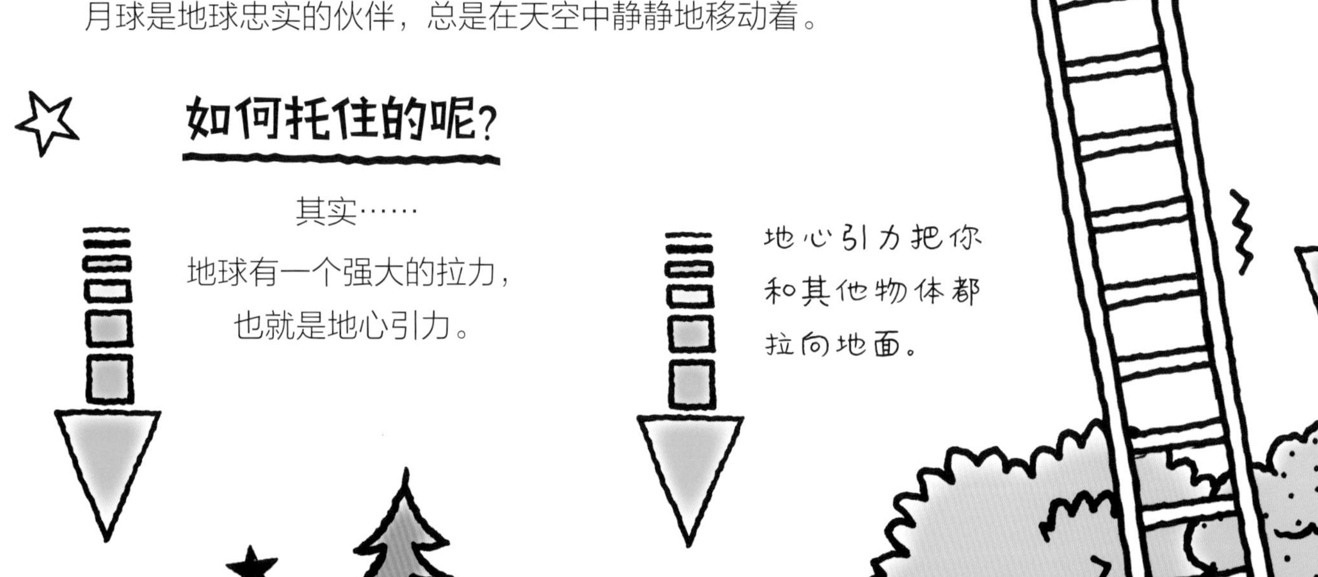

其实……
地球有一个强大的拉力，
也就是地心引力。

地心引力把你和其他物体都拉向地面。

汪！
汪！
汪！

质量

所有物体都有质量。质量指的是组成物体的物质或材质的量。一个物体的质量越大，它受到的地心引力就越大。

放开我!

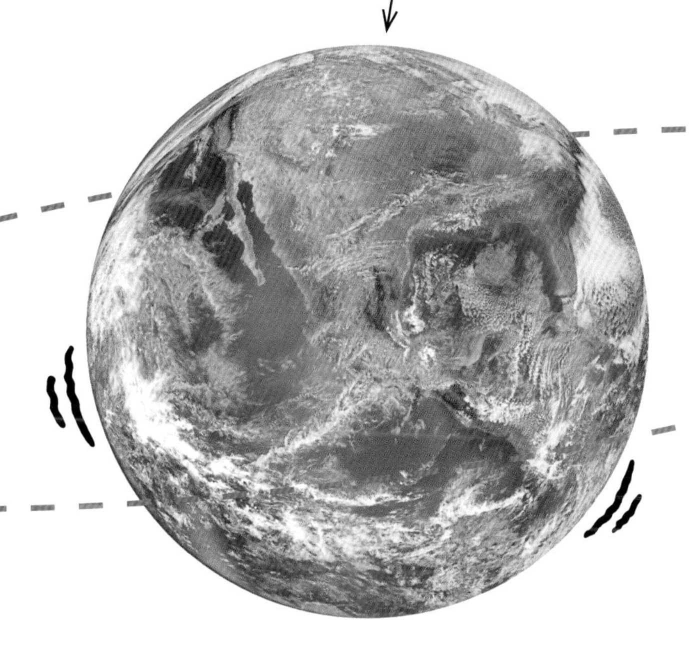

地球是一个质量极大的巨型球体。它强大的引力能抵达遥远的太空。
月球虽然比地球小，但其实也相当大，它也有自己的引力。
当月球移动时，它试图沿直线方向离开。

地球和月球都在互相拉着对方。所以你可能在想它们最后会不会撞到一起，对不对？

然而……

这里还涉及力的平衡。
月球同样也在高速移动。

当月球向前迅速移动的时候，它试图沿直线方向脱离地球。但同时地心引力又把它拉向地球。这两个力最终达到平衡，因此月球始终沿着一定的轨道围绕地球运转。

到处都是轨道！

其他行星也有围绕着它们运行的卫星。这些行星本身也围绕着太阳运转。我们发射的火箭和人造卫星也会进入预定轨道。国际空间站在距离地球300多千米的轨道上运行。科学家们每次会在那里工作几个月。

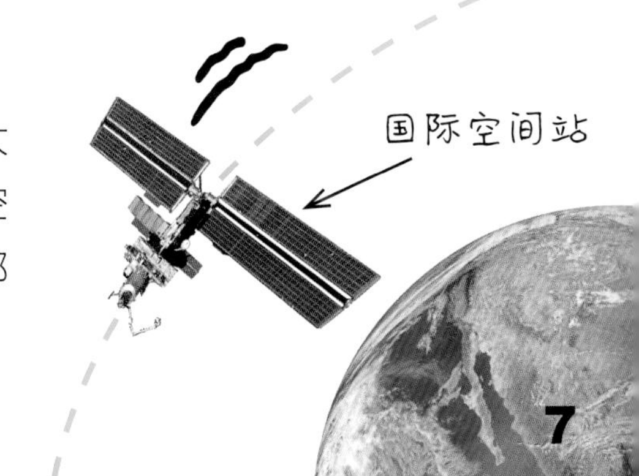

为什么搓手可以让手暖和起来？

哔嘶嘶嘶嘶嘶……

天气冷极了，而你忘了戴手套！双手搓一搓，手开始暖和起来了！

这种简便的暖手方法得益于一种非常重要的力：**摩擦力**。

摩擦产生的力

摩擦力是一种当物体互相摩擦、剐蹭或滑动时，使物体减速或停止的力。

例如……

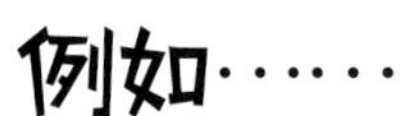

- 橡胶手套能帮你抓紧瓶盖。
- 轮子上的刹车片能让自行车减速。
- 运动鞋鞋底能抓牢地面。

总的来说，如果没有摩擦力，我们全要到处滑来滑去啦！

表面粗糙

摩擦力之所以会产生，是因为物体表面从来不会是绝对光滑的。虽然它们看起来和摸起来很光滑，但通过显微镜你会发现它们的表面还是粗糙的。

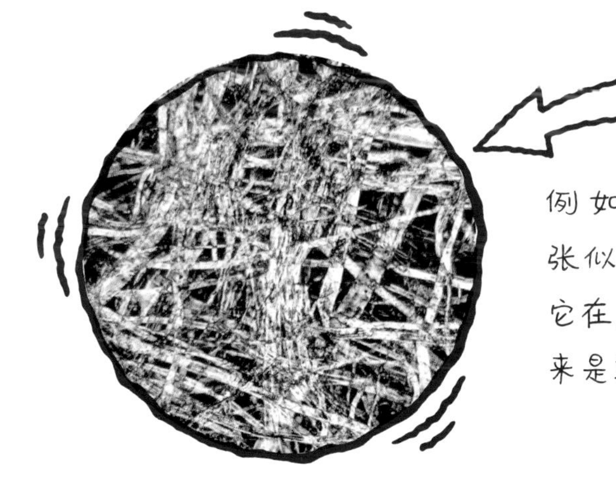

例如这本书的纸张似乎很平滑，但它在显微镜下看起来是这个样子的。

热量从哪里来呢？

当两个面互相摩擦时，它们彼此推挤。物体中的分子因此开始加速运动。物体中的分子运动得越快，物体就变得越热，这就是你搓手时双手会发热的原因。

升温吧！

有时候摩擦力还能使物体产生比在冬天搓手更高的温度。

如果你抓着绳索快速下滑，这时双手会感到火辣辣的，甚至还会有擦伤。
用硬木棒摩擦木头（到一定程度）能产生火焰！

滚烫的钱币！

这个简单的实验会震惊到你！
把两枚相同的硬币放在一张纸上。
两根食指各按在一枚硬币上。
让其中一枚硬币保持不动，
按住另一枚硬币用力在纸上反复滑动10秒。

比较这两枚硬币，
哪一枚更热？

水黾为什么不会沉进水中？

夏天的时候找个池塘观察一下，你会看见水黾（mǐn）在水面上快速移动。

在水上行走？
容易！

它们并不是像船那样漂浮着（见第14~15页），而是站立在水面上！

你甚至能看到水黾脚踩着的水面处是凹进去的，仿佛水面上有一层薄薄的充满弹性的膜。

膜在哪里？

事实上，水面上并没有膜。如果有的话，当你喝水的时候，在杯子里就会发现了。

水只是因为表面张力，才好像有层膜一样。

内部大发现

张力的形成是由于内聚力。水和其他万物一样，是由微小的分子组成的。内聚力把分子拉向彼此。

在水的表面，力只能从两边和下面拉扯分子。

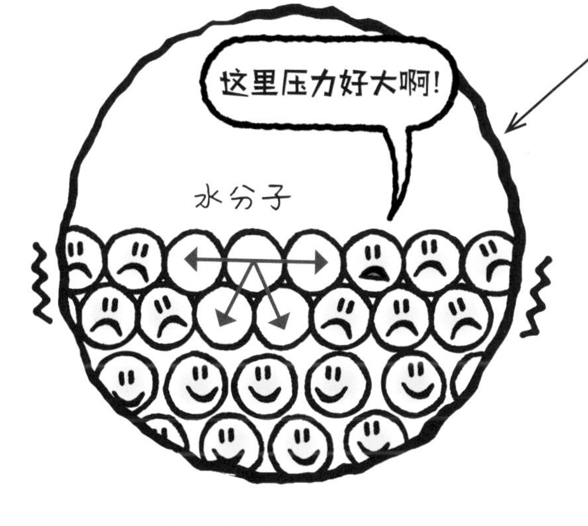

在水的内部，力从各个方向拉扯分子。

水表面的分子被内聚力拉扯着向两边、向下紧密聚合，仿佛给水面覆盖了一层膜。表面张力是很微弱的，你很容易就能打破它。但它却能对抗轻微的重力。

自己试一试吧!

为了测试表面张力，我们先装一碗水。等水面完全平静下来后，在水面上轻轻放一个干燥的回形针。

像回形针这种金属物品本身是无法漂浮的，但水的表面张力却能够把它们“托举”在水面上。

滴答滴答……

表面张力也是水滴呈现为球形的原因。少量的水拉扯着自己形成球状。当在平面上时，它就会呈半球状。

降落伞是如何救你一命的?

从飞机上跳下来是件非常糟糕的事。但如果你有一顶降落伞，那就好多了——即使你是从几千米的高空跳下来的!

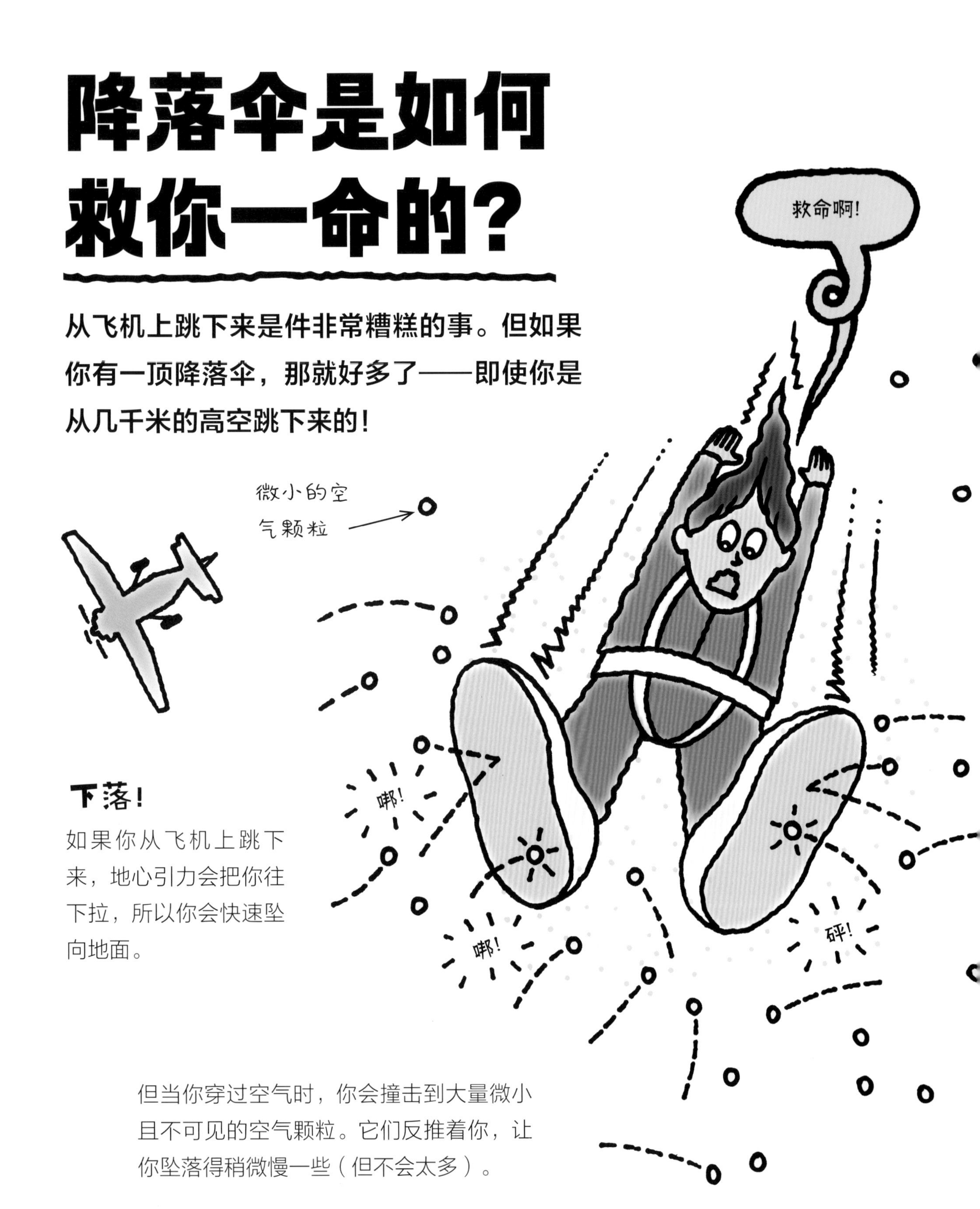

下落!

如果你从飞机上跳下来，地心引力会把你往下拉，所以你会快速坠向地面。

但当你穿过空气时，你会撞击到大量微小且不可见的空气颗粒。它们反推着你，让你坠落得稍微慢一些（但不会太多）。

这叫作空气阻力。它是摩擦力的一种。

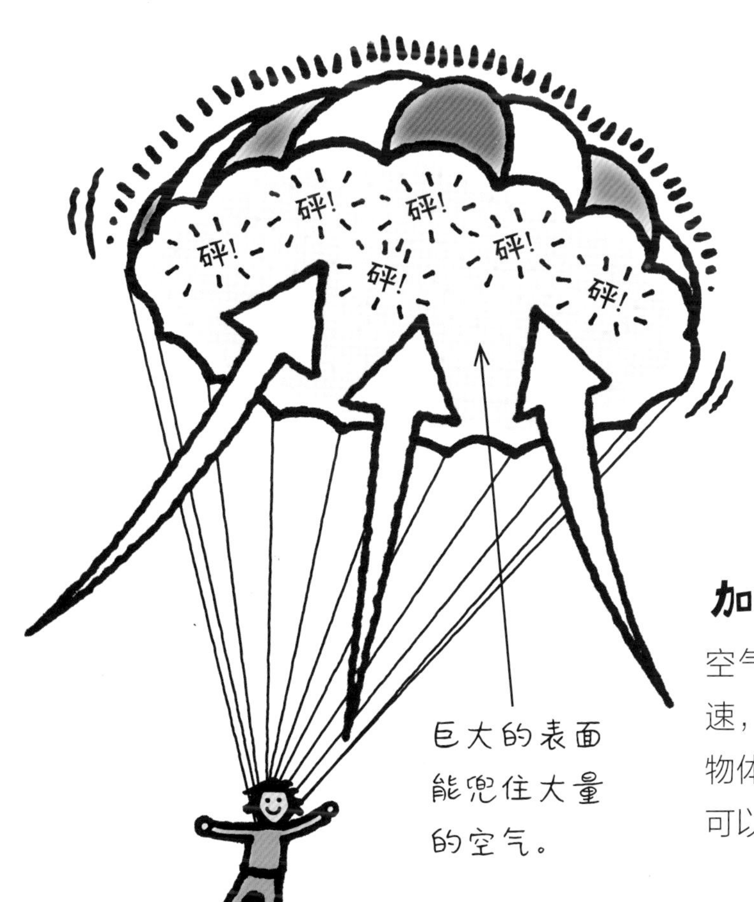

让你慢慢下降!

你的表面积越大，撞击到的空气颗粒就越多，你的下降速度就会越慢。降落伞拥有很大的表面积，它会遇到更多的空气阻力，能让坠落速度慢到足够安全。

加速吧!

空气阻力能让在空气中移动的任何物体减速，如飞机、汽车、自行车等。因此，如果物体具有尖头、平滑、“流线型”的形状，可以大大减少空气阻力。

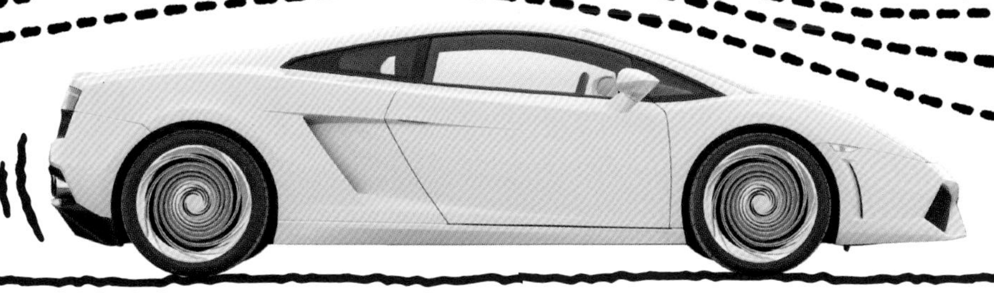

“流线型”设计能让空气更容易地从表面通过。

水里的阻力

在水里也是这个样子。不同的是，因为水的密度更大，所以水里的阻力也更强大。许多海洋生物，如企鹅，都拥有“流线型”身体，这能让它们游动得更快。

人们也按这种外形来制造潜艇。

船为什么能浮在水面上？

扔一颗钢钉到水里，它立刻会沉下去。然而一艘钢铁造的远洋集装箱船却能漂浮在水面上。这是为什么？

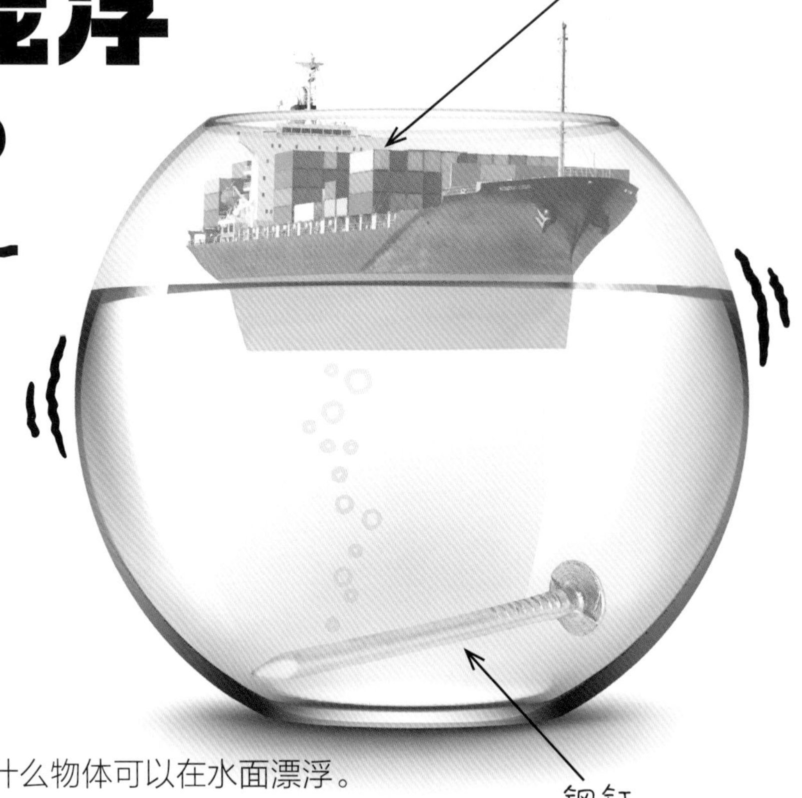

想知道为什么会这样，就得先弄明白为什么物体可以在水面漂浮。这就要说到物体的密度，也就是单位体积下的质量。

为什么钢块会下沉？

能漂浮的一个条件是，这个物体的密度比水的密度小。

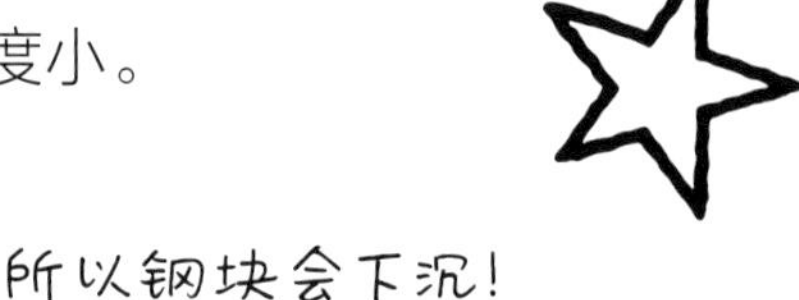

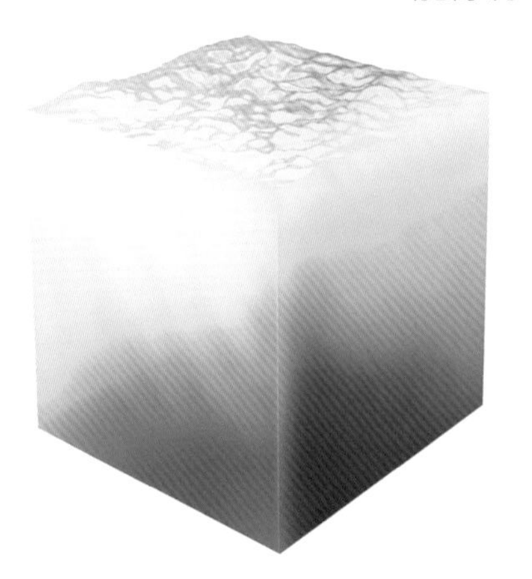

像这样的1升水，尺寸为10厘米x10厘米x10厘米，质量是1千克。

这是同样尺寸的钢块，但质量高达7.9千克！这表明它的密度比水的密度要大……

所以钢块会下沉！

为什么木块能漂浮？

现在让我们试试同样尺寸的木块。

这是同样尺寸的木块，它的质量为0.4千克。这表明它的密度远比水的密度小……

所以木块浮起来了！

浮力

当你把一个物体放到水里，水会把它推向水面，这个力叫作浮力。但这个浮力只能支撑住比水的密度小的物体，支撑不了比水的密度大的物体，所以比水的密度大的物体在水中会下沉。

巧妙的设计

然而，船可以漂浮，即使是钢铁制造的船。这是因为它们的外形。

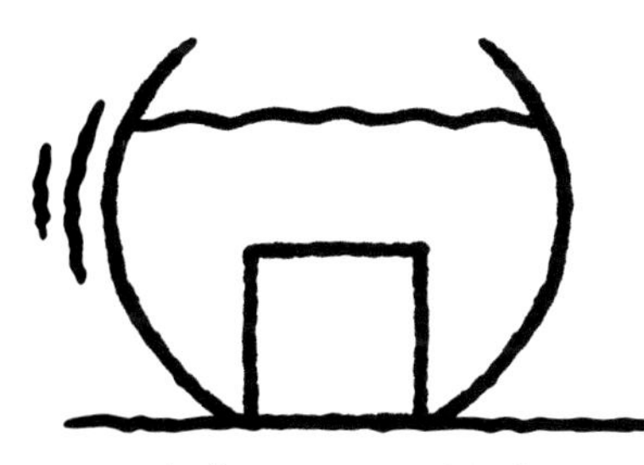

一块实心的钢铁会下沉，因为它的密度比水大。

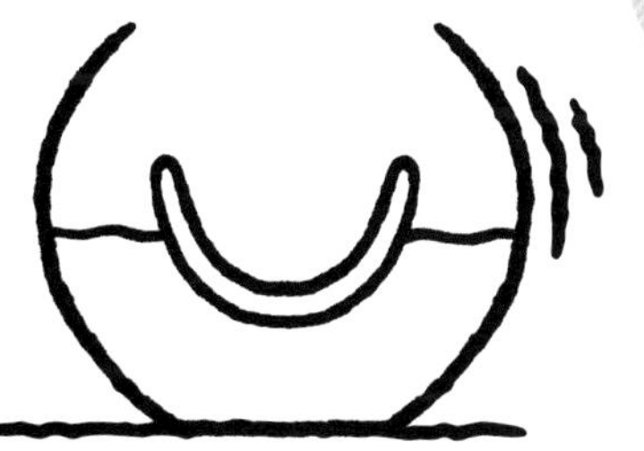

但一艘碗状的船，它的中间是充满空气的。

因此，船的整体的密度并不只是钢铁的密度，它还包括了里面的空气的密度。这些空气让船的总密度变得小多了——

所以船就能够浮起来了！

“爆炸”的金属

虽然金属锂、钠、钾的密度比水的密度小，但它们没法用来制造船只，因为它们遇水会产生如“爆炸”一般剧烈的反应。

飞机是如何做到“底朝天”飞行的？

你可能听说过飞机之所以能飞是因为机翼的形状。但是如果这就是原因的话，那么“底朝天”飞行的飞机应该会摔下来吧！

但事实上，很多飞机都可以“底朝天”飞行……就像这架一样！

机翼

飞机机翼的形状又叫翼型，有许多独特的类型。有像这样的：

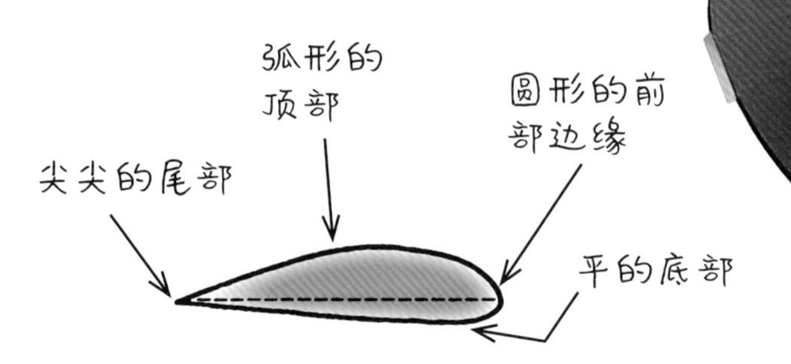

这种翼型使空气在机翼顶部比底部流动的速度更快。空气流动得越快，气压就越小，所以机翼顶部的气压就比底部更小，这就给了机翼一个升力。

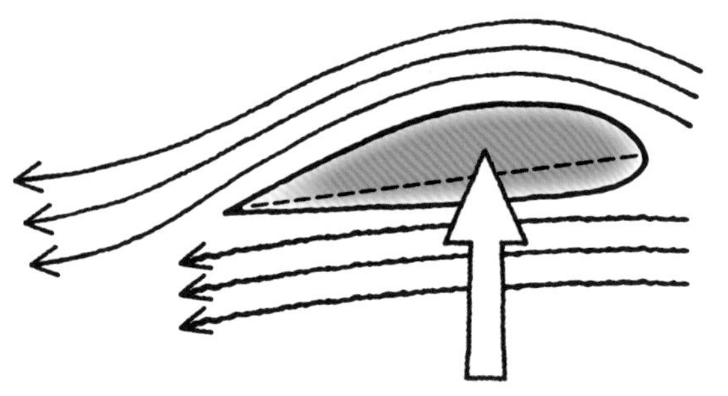

升力是一种对抗重力而向上推的力。

但是……

其实飞机能够起飞还有别的更重要的因素，其中一个就是机翼的角度。

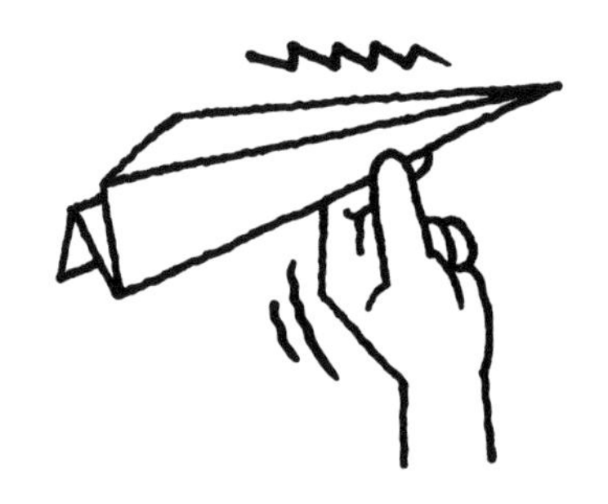

别忘了，纸飞机只有个平平的机翼，但如果你以合适的角度扔出去，它也能够飞行一会儿。

迎角

当飞机飞行时，前端的机翼会轻微向上倾斜。

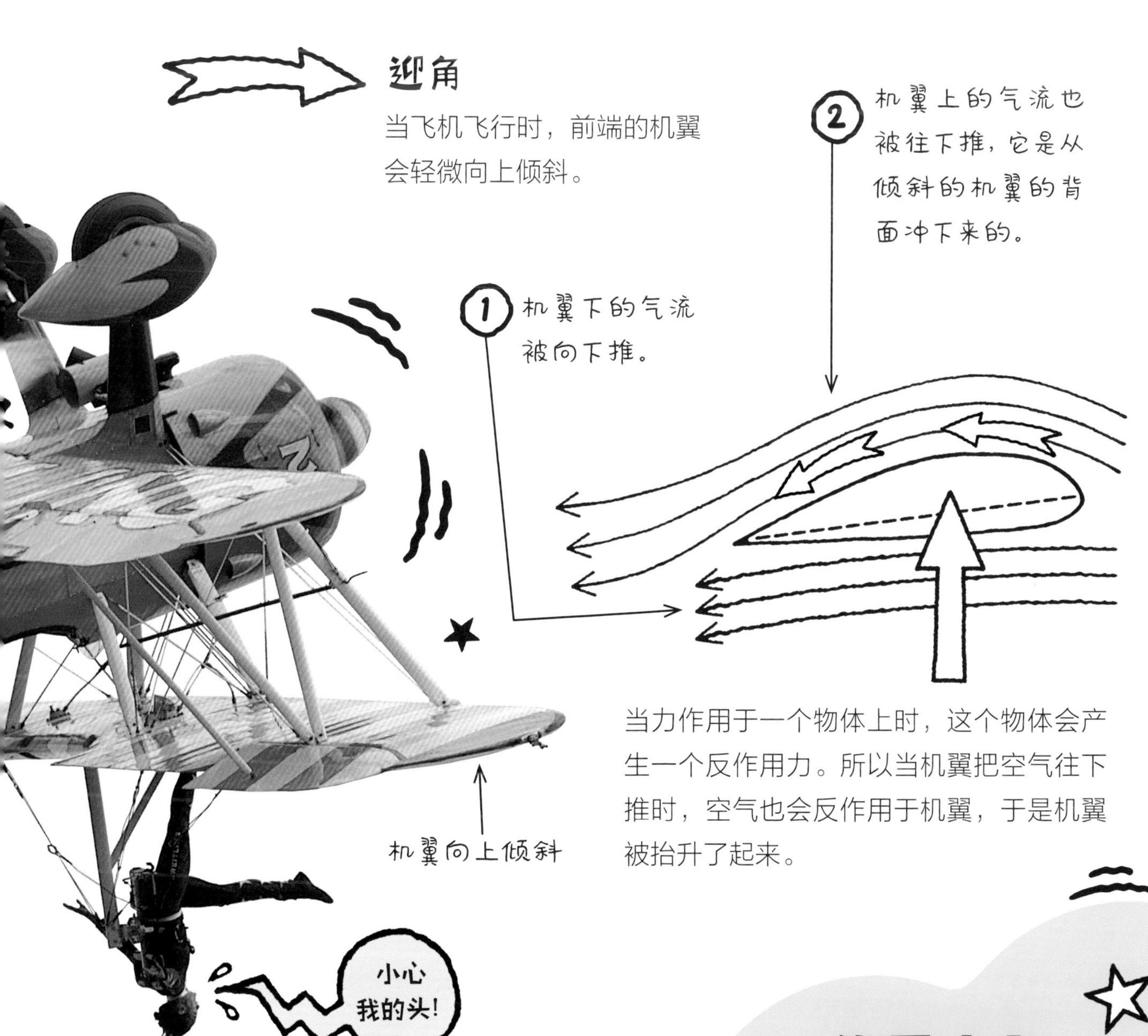

2 机翼上的气流也被往下推，它是从倾斜的机翼的背面冲下来的。
1 机翼下的气流被向下推。
机翼向上倾斜
小心我的头!

当力作用于一个物体上时，这个物体会产生一个反作用力。所以当机翼把空气往下推时，空气也会反作用于机翼，于是机翼被抬升了起来。

倒转

特技飞行员把“底朝天”的飞行叫作“倒飞”。想要做到这点，他们就必须使机头略微上抬，这样的话机翼就依然是向上倾斜的。

作用力与反作用力

这是伟大的科学家艾萨克·牛顿提出的理论，它解释了当力作用于一个物体上时，一个相等的力是如何从反方向推回来的。

这被称为牛顿第三运动定律!

为什么人类无法长得像恐龙一样高？

在神话和电影中出现过身高12米的巨人，想象一下，这相当于4层楼高！而一些恐龙却真的是这么高大！

为什么没有真的巨人存在呢？

现实生活中的“巨人”

人类历史上有记录的最高的人是罗伯特·瓦德罗，他长到了2.72米。

人类的平均身高在1.65米左右，所以瓦德罗看起来确实是个巨人，然而他的身高仍然不到人类平均身高的两倍。高如腕龙一般的巨人并不存在，这是为什么呢？其中一个非常重要的原因是……重力！

3D生活

如果你像腕龙一样高达12米，那你就比一般人高约7倍。但人类是三维（3D）的，如果高7倍，你就不仅仅只重7倍，你会重更多。

这是它的原理：

① 想象一个立方体……

② 现在来想象一个立方体的2倍高。它的质量不会是原来的2倍，而是8倍。

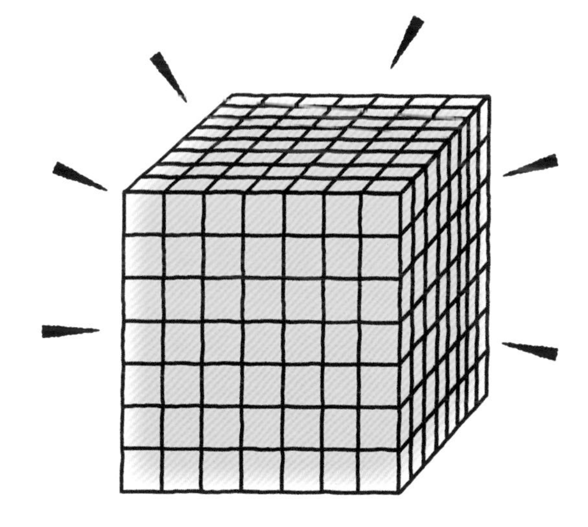

③ 如果是7倍高，那么就会是原来的343倍。

人的骨骼虽然很强壮，但没有那么强壮。如果你高12米，你腿上的骨骼将无法承受如此大的质量。虽然你的骨骼也会更大，但它们不会强壮到现在的几百倍。

那么腕龙是怎么做到的呢？

它的背部、颈部和尾部都是空心的骨头，这让它的骨架更轻。

它的体形有助于承载自身巨大的质量。

4条腿着地分散了整个身体的质量。

高塔

当建造高塔和摩天大楼时，我们也得考虑这个问题。工程师们得计算塔上所有部件的受力，并确保所用材料足够坚固，能够承受这些力。否则……

为什么摔下悬崖如此致命？

通常情况下，从椅子或矮墙上跳下来是比较安全的，但从悬崖或高楼上摔下来却是致命的！这里的原因与重力有关。

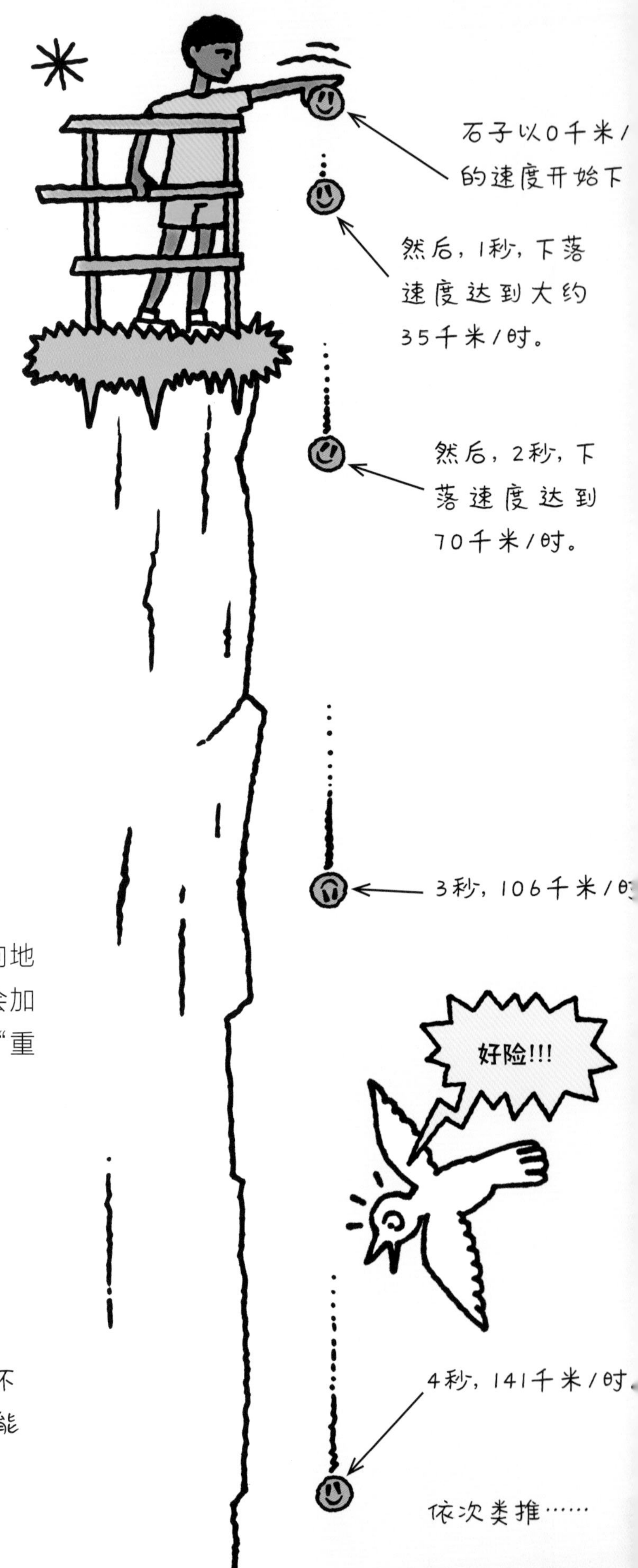

石子以0千米/
的速度开始下
然后，1秒，下落速度达到大约35千米/时。
然后，2秒，下落速度达到70千米/时。
3秒，106千米/
好险!!!
4秒，141千米/时
依次类推……

坠落……加速

当物体坠落时，地球的引力把它拉向地面。但是随着物体的下落，它们也会加速，变得越来越快。这就是所谓的“重力加速度”，用符号g表示。

想象一下从悬崖上丢下一颗小石子。

只要想象一下就好，千万不要这么去做，因为石子可能会砸到人！

如果一颗石子从100米高的悬崖上被丢下来，大约需要4.5秒就能到达地面。当它着陆的时候，它的时速将达到158千米，这个速度很快，和高速行驶的火车一样！

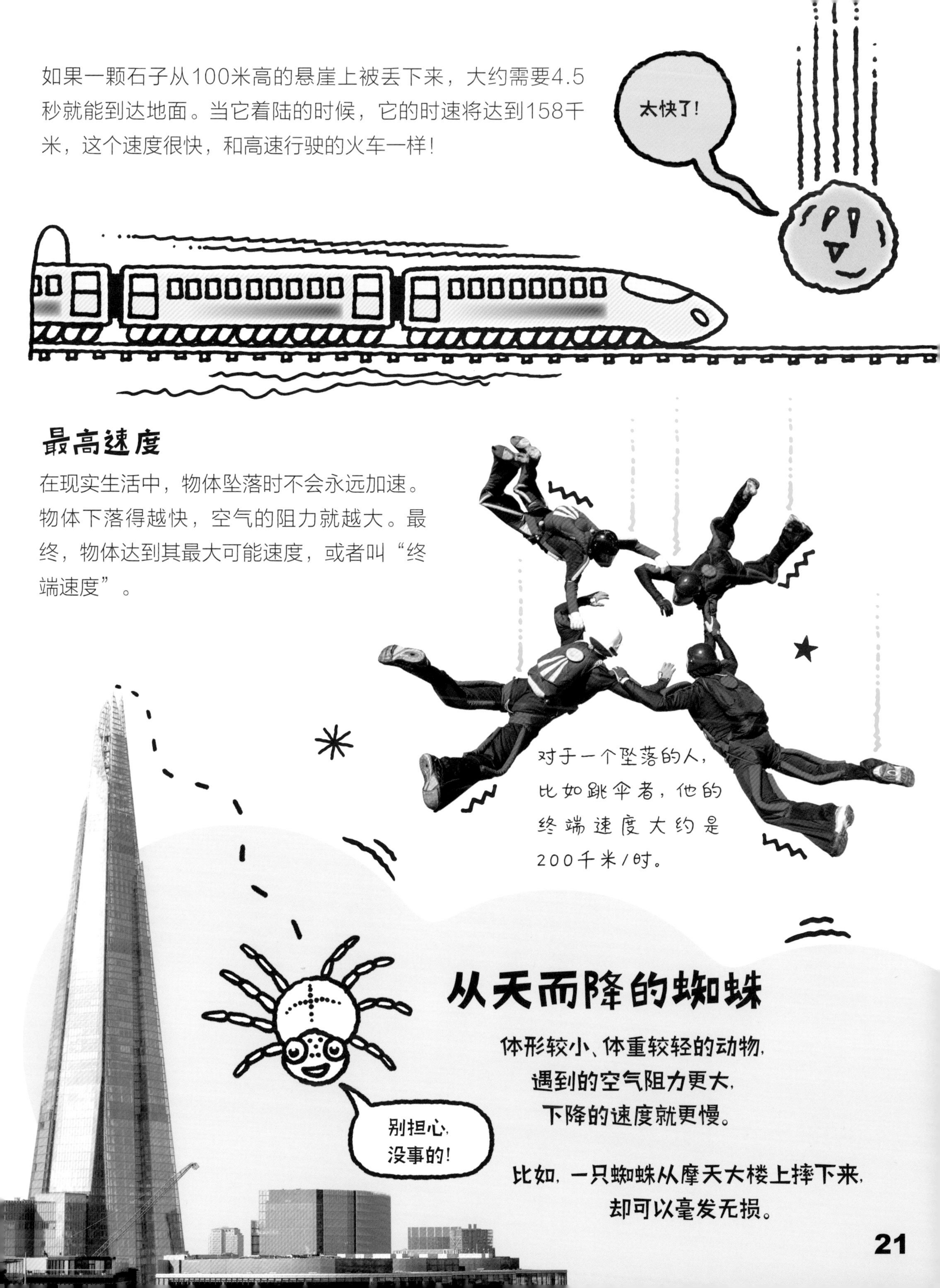

太快了！
对于一个坠落的人，比如跳伞者，他的终端速度大约是200千米/时。
别担心，没事的！

最高速度

在现实生活中，物体坠落时不会永远加速。物体下落得越快，空气的阻力就越大。最终，物体达到其最大可能速度，或者叫“终端速度”。

从天而降的蜘蛛

体形较小、体重较轻的动物，遇到的空气阻力更大，下降的速度就更慢。

比如，一只蜘蛛从摩天大楼上摔下来，却可以毫发无损。

磁铁是如何不接触物体却能拉动它的呢？

磁铁之间相斥还是相吸，取决于靠近的是同极还是异极。

就像魔法一样！还是……

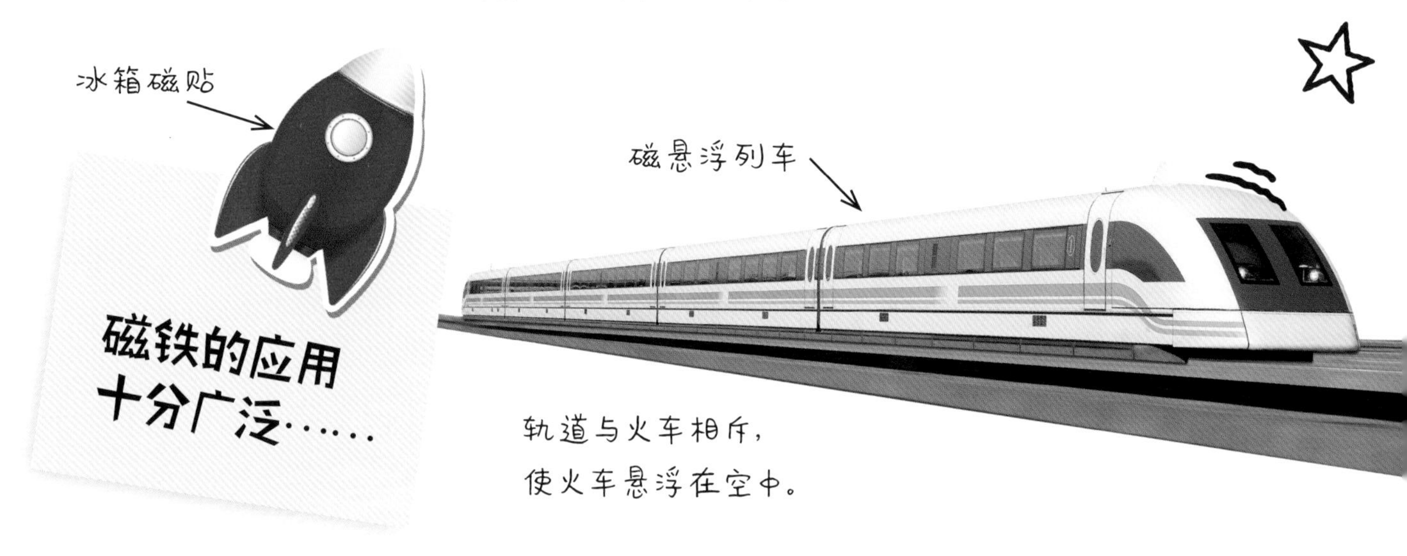

冰箱磁贴
磁铁的应用十分广泛……
磁悬浮列车
轨道与火车相斥，
使火车悬浮在空中。

所以发生了什么呢？

磁力不是魔法——它只是另一种类型的力。

下面是它的工作原理……

物质是由微小的原子组成的，而在原子内部，更小的电子围绕着原子核旋转。在一些原子中，电子产生拉力。但通常原子都是杂乱无章的，指向不同的方向，所以拉力会相互抵消。

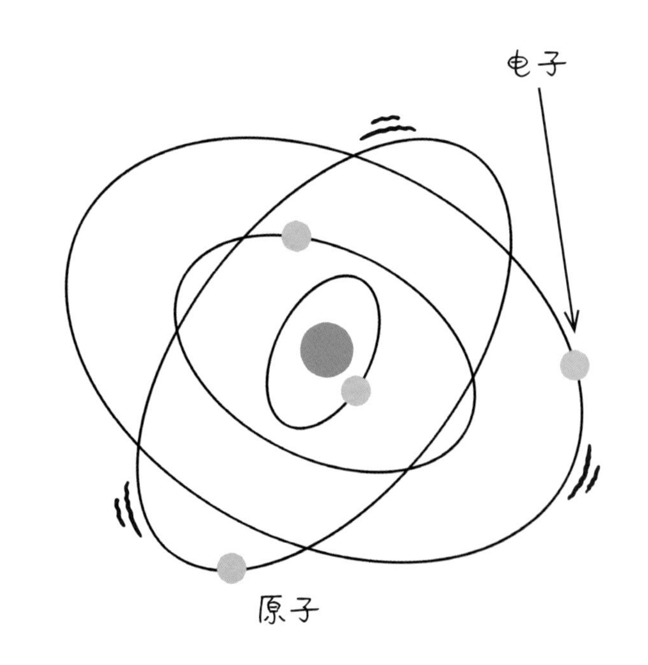

而在磁性材料中，这种拉力可以排成行，在一个方向上产生一个更大的拉力。

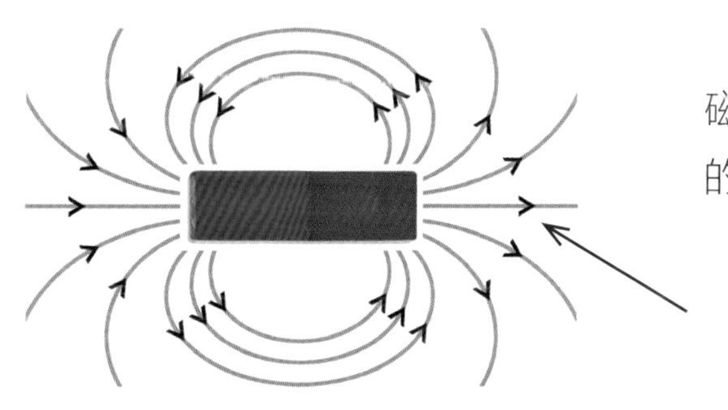

磁铁周围磁力作用的区域称为磁场。

相斥还是相吸？

磁铁有两端，称为南极和北极。

一块磁铁的北极和另一块磁铁的南极会互相吸引。

但相同的两极，会互相排斥。

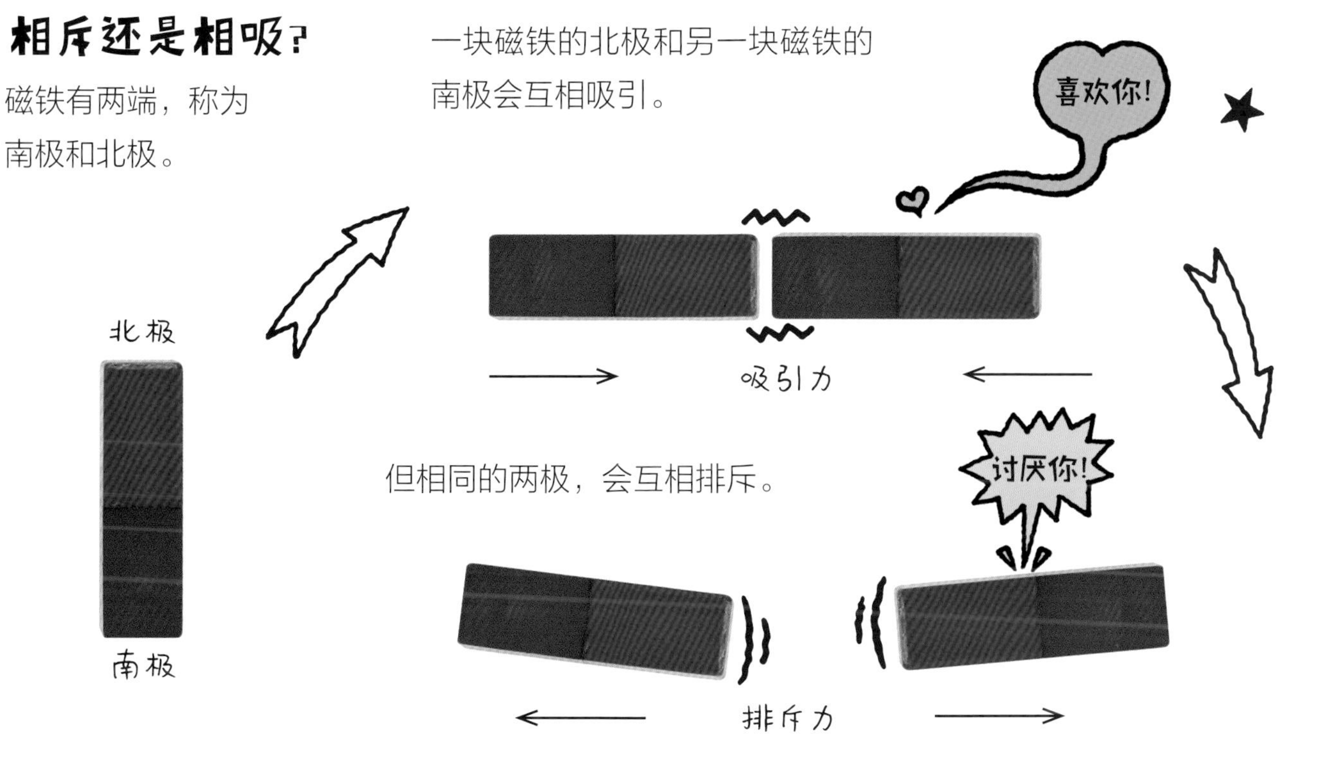

遥远的力

磁铁可以隔空推或拉动物体，这是因为原子中的拉力可以做到这一点。这究竟是如何起作用的，即使是科学家们也不能完全解释这一点。但这并不奇怪。

请你仔细想想，重力是不是也是在不接触你的情况下向你施力的呢（见第20~21页）？

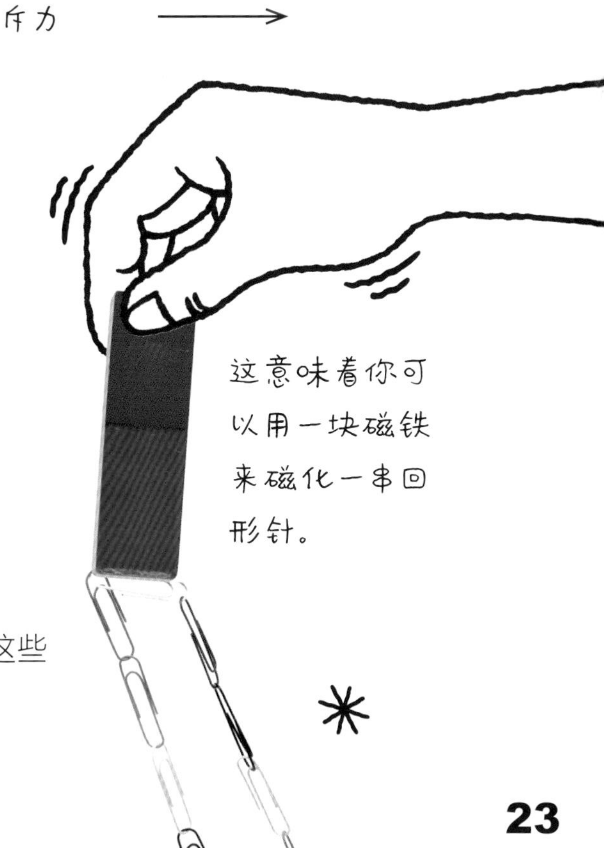

这意味着你可以用一块磁铁来磁化一串回形针。

磁性金属

磁铁也会吸引一些金属，比如回形针。当磁铁吸引这些金属时，这些金属也会变得有磁性。

桌布戏法是怎么回事?

你真的能从一堆盘子和杯子下面抽出一块桌布，而盘子和杯子还留在原来的地方吗?

答案是肯定的，但你必须操作得当。别在家里尝试这个！相反，试试更容易的实验。

怎么做到的呢?

要想让这个戏法成功，秘诀是尽可能突然、快速地用力拉桌布。如果你拉得太慢，桌面上所有的东西都可能会被拉掉……

啪!

桌布戏法的原理

惯性

惯性是牛顿解释的运动定律之一，它意味着物体会继续做它们正在进行的运动。例如，一个在移动的物体会继续移动，就像这个球一样……

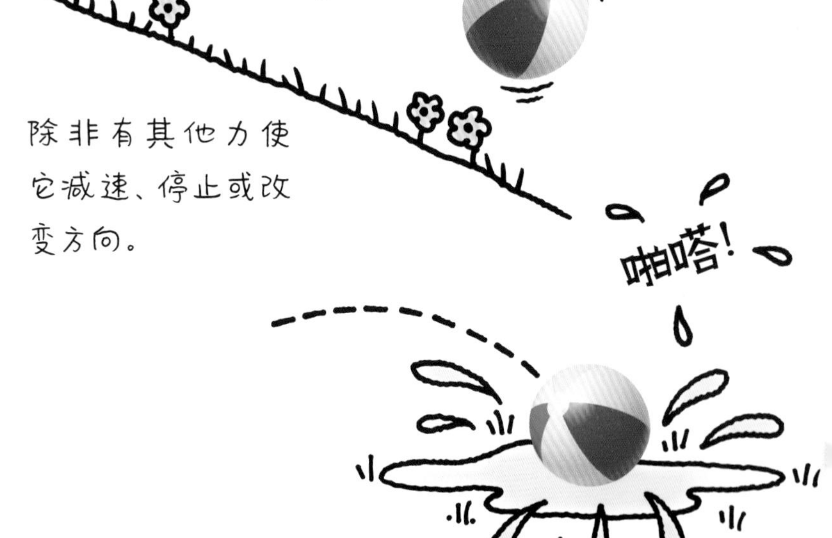

除非有其他力使它减速、停止或改变方向。
啪嗒!

如果一个物体是静止的，它就会一直保持静止，除非有其他力作用于它，使它运动起来……

就像这样!

太神奇了!

停留在桌子上

在桌布戏法中，桌子上的物体不会移动，除非有足够强的力来克服它们的惯性。

摩擦力使物体抓牢桌布。如果你慢慢地拉动桌布，这个摩擦力会使物体跟着桌布移动。

但是，这里其实没有足够的摩擦力使物体能抓牢桌布跟着快速移动。所以，如果你在一瞬间把桌布抽出来，桌布上的物体就会因为惯性的力量仍保持在原位置!

（如果桌布的边缘光滑平整，效果会更好哦!）

把纸抽出来!

不用桌布，试试这个风险稍低的游戏吧!

剪一张扑克牌大小的纸。把它放在一个干净、干燥的瓶口上，然后在上面放几枚硬币。

现在试着把纸抽出来，而把硬币留在瓶口上。

为什么在月球上能跳得更高呢？

“在月球上行走，就像在一个巨大的蹦床上跳跃。”

—— 参考1972年航天员哈里森 · 施密特（Harrison Schmitt）的说法。

你在月球上可以跳得更高，而且还能慢慢地下落。但这并不是因为月球是有弹性的。

这是因为月球的引力小，而人的重量比较轻！

什么是重量？

你可能会认为你的体重在任何地方都是一样的，但事实上并不是这样的。

无论你在哪里，你的质量都是一样的。质量是指物体中物质的数量。比如，你的质量可能是36千克。

但重量意味着物体所受的重力有多大。

在地球上，你的体重是352.8牛顿。

但在月球上，你的体重会轻得多，因为月球的引力要比地球小得多。

事实上，在月球上，你的体重只有地球上的六分之一，也就是58.32牛顿。

困在木星上

如果你去了一个更大的行星，比如木星，那里的引力更大。在木星上行走就不会像在蹦床上一样了——你很可能会被困在上面无法动弹。

（事实上并不会这样，因为木星主要由气体和液体组成，所以不会有任何固体表面来困住你。但如果有的话，你真的会很难站立起来！）

自由浮动

当你离行星（或月球）越远，引力就越弱。在外太空，你离任何行星都太远，几乎不受任何重力作用，这就是所谓的微重力环境。因此，航天员在太空中会感觉失重，并能向各个方向浮动。

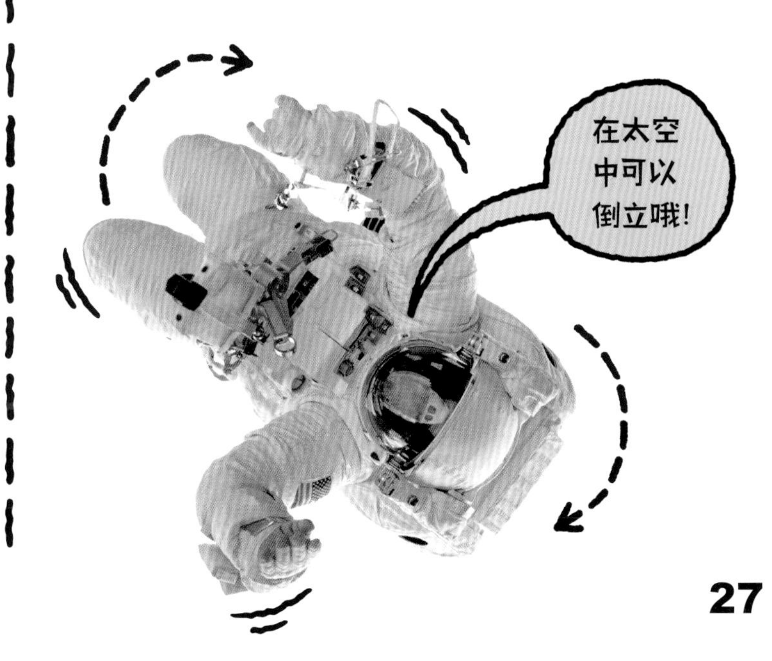

快问快答

嗖
嗖
嗖

火箭是如何发射的?

火箭的发射运用了牛顿著名的作用力与反作用力定律。火箭燃烧大量的燃料，然后从发动机底部高速喷出气体。当火箭把气体喷出时，气体又反作用于火箭，推动火箭向上。

地球是一块巨大的磁体吗?

是的，地球拥有强大的磁场。地球内部的液态铁中有电流流动，当地球自转时，电流会产生强大的磁力。

走钢丝的人是如何保持身体平衡的?

如果一个物体的重心（质量的中点）与它的底部对齐，它就可以保持平衡。在钢丝上，你的底部接触面很窄。你必须不断转移重心，使中心点刚好垂直于钢丝的接触面。

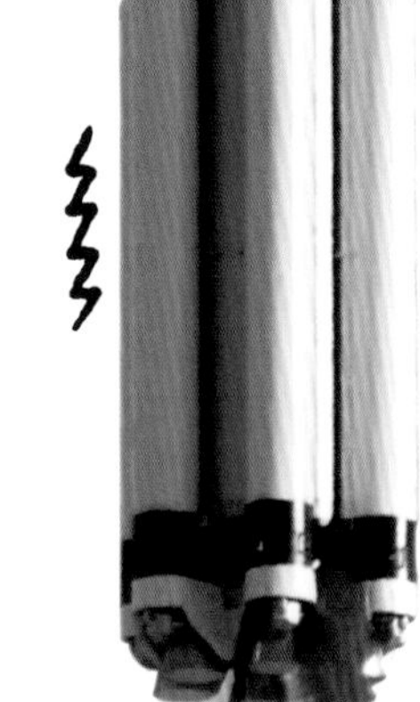

为什么我们感觉不到气压的存在？

地球大气中空气的重量产生了很大的气压。我们没有感觉到气压是因为我们已经习惯了，同时我们的身体已经进化到内部有类似的压力。然而，如果你潜入水下，你会明显感觉受到挤压，这是因为水压更大。但是像大王乌贼或琵琶鱼这样的深海生物就没有任何问题，因为它们已经进化到能够适应这种压力。

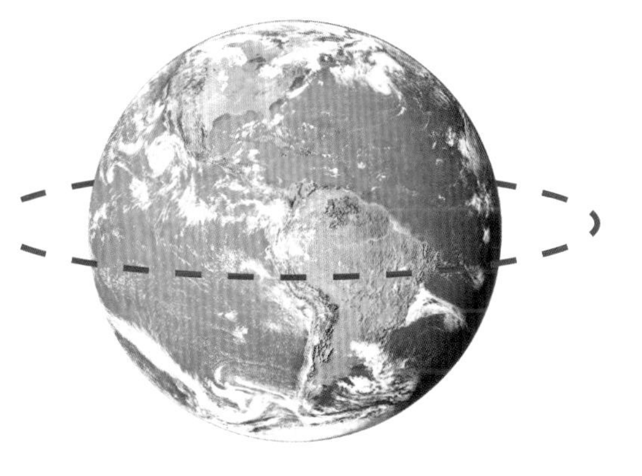

为什么我们感受不到地球在旋转？

地球每24小时自转一圈，这意味着你在地球上以平均1000千米/时的速度在旋转（各地不完全一致，取决于你离赤道的距离）。然而，地球的大气层是随着地球旋转的，所以你不会觉得你移动得很快。

当一个苹果落在艾萨克·牛顿头上时，他真的发现了地心引力吗？

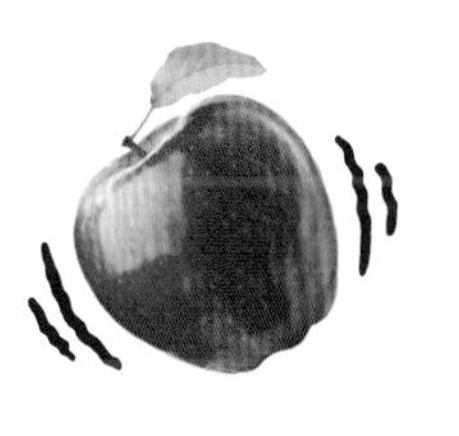

嗯……
苹果派！

这是一个著名的故事，但它不是很准确。人人都知道物体会掉到地上，所以牛顿这时并没有真正地“发现”地心引力。然而，他确实描述了看到苹果从树上掉下来是如何让他想到万有引力的，并提出了一些关于万有引力的想法。他并没有说一个苹果刚好掉在他头上（当然，这也不是不可能）。

术语表

表面张力
使水表面的分子聚在一起的一种力，让水的表面看起来像有一层薄薄的膜一样。

磁力
使某些物体相互靠近或排斥的力。

大气层
地球周围的空气层。

浮力
在液体或气体中向上托举物体的力。

工程师
设计或维护建筑物或其他结构的人。

惯性
物体保持静止状态或匀速直线运动状态的性质。

机翼
飞机上有助于提供升力的翅膀形状的部件。

加速度
物体移动或下落时加速的方式。

进化
随着时间的推移而发展和改变。

空气阻力
空气阻挡移动的物体时使其减速的力。

流线型
有助于物体在空气或水中更容易移动的长而尖的形状。

密度
就其体积而言，某物的质量。

摩擦力
当物体相互接触并挤压时，使物体减速或停止的力。

气压
我们周围的空气对人和物体的压力。

升力
向上推动物体（如飞机机翼）的力。

微重力
非常弱的重力。太空环境就是微重力环境。

卫星
围绕另一个物体旋转的物体，尤指人造卫星。

沿轨道运行
绕着另一个物体转，例如月亮绕着地球运行。

引力
物体拉向彼此的力。

质量
一个物体所含物质的量。

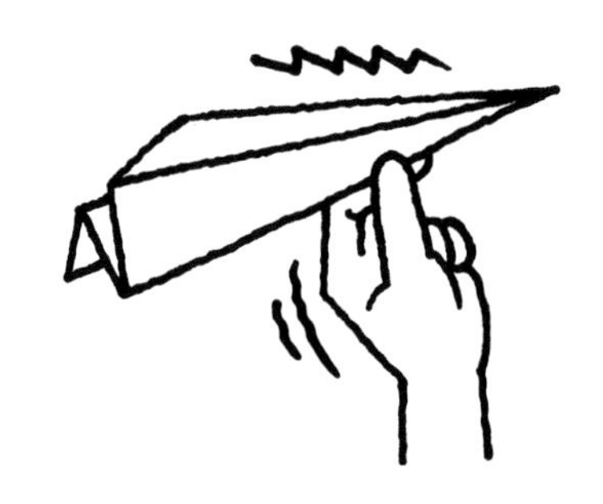